Ruby Jindal

Pèrspectivas Cósmicas: Uma viagem através do espaço e do tempo

Ruby Jindal

Perspectivas Cósmicas: Uma viagem através do espaço e do tempo

ScienciaScripts

Imprint

Any brand names and product names mentioned in this book are subject to trademark, brand or patent protection and are trademarks or registered trademarks of their respective holders. The use of brand names, product names, common names, trade names, product descriptions etc. even without a particular marking in this work is in no way to be construed to mean that such names may be regarded as unrestricted in respect of trademark and brand protection legislation and could thus be used by anyone.

Cover image: www.ingimage.com

This book is a translation from the original published under ISBN 978-620-7-80580-8.

Publisher:
Sciencia Scripts
is a trademark of
Dodo Books Indian Ocean Ltd. and OmniScriptum S.R.L publishing group

120 High Road, East Finchley, London, N2 9ED, United Kingdom
Str. Armeneasca 28/1, office 1, Chisinau MD-2012, Republic of Moldova, Europe
Printed at: see last page
ISBN: 978-620-7-80060-5

Prefácio

Na vasta extensão do cosmos, a humanidade sempre procurou compreender o seu lugar e o seu objetivo. Desde as civilizações antigas que espreitavam o céu noturno até aos cientistas modernos que sondam as profundezas do espaço, a nossa viagem de exploração cósmica tem sido uma viagem de curiosidade, espanto e descoberta. Este livro, *Perspectivas Cósmicas: A Journey Through Space and Time*, procura encapsular a história inspiradora do nosso universo - desde o seu nascimento até ao seu potencial futuro - e as profundas percepções que oferece sobre a nossa existência.

Através das páginas deste livro, embarcaremos numa viagem que se estende por milhares de milhões de anos e atravessa anos-luz de distância. Vamos explorar as maravilhas das estrelas e das galáxias, mergulhar nos mistérios dos buracos negros e da matéria negra, e contemplar as origens da vida e a possibilidade de outras civilizações para além da nossa. Ao longo do caminho, encontraremos as descobertas da investigação científica, a beleza dos fenómenos cósmicos e as questões filosóficas que surgem quando se contempla o cosmos.

Esta viagem não é apenas sobre o universo físico, mas também sobre a nossa busca humana de conhecimento e significado. Convida-nos a refletir sobre o nosso lugar no grande esquema das coisas e a maravilharmo-nos com a interconexão de toda a existência. Quer seja um entusiasta da astronomia, um filósofo a refletir sobre a natureza da realidade ou simplesmente uma alma curiosa que procura compreender o cosmos, *Perspectivas Cósmicas* oferece uma tapeçaria de ideias e perspectivas que irão inspirar e iluminar.

Dr. Ruby Jindal
(Universidade K.R. Mangalam, Gurugram, Haryana, Índia)

Índice

Capítulo 1: O Universo Desperta

Introdução

O Universo, uma vasta e intrincada tapeçaria de estrelas, galáxias e fenómenos cósmicos, começou a sua viagem com um acontecimento de energia e complexidade inimagináveis - o Big Bang. Neste capítulo, embarcamos numa viagem pelos primeiros momentos da história cósmica, explorando o nascimento do Universo, a era da inflação e a formação dos primeiros átomos e galáxias. Estes acontecimentos fundamentais não só moldaram o cosmos que observamos atualmente, como também lançaram as bases para a evolução da estrutura e da complexidade em todo o Universo.

O Big Bang: Nascimento do Cosmos

A história do Universo começa há cerca de 13,8 mil milhões de anos, com um acontecimento singular conhecido como Big Bang. Nesse momento, toda a matéria, energia, espaço e tempo que definem o nosso Universo estavam concentrados num estado infinitamente denso e quente. O Universo expandiu-se rapidamente a partir desta singularidade inicial, passando por uma fase exponencial de inflação na primeira fração de segundo. Este período inflacionário, proposto pelas teorias cosmológicas, explica a distribuição notavelmente uniforme da matéria observada em grandes escalas no Universo atual.

À medida que o Universo se expandia e arrefecia, as partículas elementares começaram a formar-se. Quarks e gluões, os constituintes fundamentais dos protões e neutrões, vagueavam livremente numa sopa primordial de plasma. Só ao fim de aproximadamente 380 000 anos é que o Universo arrefeceu o suficiente para que os protões e os neutrões se combinassem em núcleos atómicos, dando início à era da nucleossíntese. O Universo transitou de um estado denso e opaco para um estado em que a luz podia viajar livremente - o que observamos hoje como a radiação cósmica de fundo em micro-ondas (CMB), uma relíquia do brilho do Universo primitivo.

Inflação e o Universo Primitivo

O conceito de inflação cósmica, proposto no início da década de 1980, fornece uma explicação convincente para várias características-chave do Universo. Sugere que um breve período de expansão exponencial, impulsionado por um hipotético campo escalar, suavizou as irregularidades e preparou o terreno para a estrutura em grande escala que se observa atualmente no Universo. Esta rápida expansão estendeu as flutuações quânticas a escalas macroscópicas, imprimindo variações subtis na densidade da matéria que acabaram por semear a formação de galáxias e aglomerados de galáxias.

Embora a inflação continue a ser um quadro teórico apoiado por provas observacionais como a uniformidade da CMB e a distribuição das galáxias, os seus mecanismos exactos e a sua duração continuam a ser objeto de investigação e debate. A compreensão da inflação é crucial não só para elucidar os primeiros momentos do Universo, mas também para sondar a física fundamental que rege o cosmos nas escalas mais pequenas e maiores.

Formação dos primeiros átomos e galáxias

No rescaldo da nucleossíntese, o Universo entrou numa fase em que os átomos neutros - predominantemente hidrogénio e hélio - se podiam formar e persistir. Esta era, conhecida como a era da recombinação, marca uma transição crucial, uma vez que o Universo se tornou transparente à radiação. Os fotões, anteriormente dispersos por electrões livres, podiam agora viajar livremente pelo espaço, acabando por arrefecer para formar a CMB detectada pelos instrumentos modernos.

A atração gravitacional de regiões ligeiramente mais densas no gás primordial levou à formação das primeiras estrelas e galáxias. Estas estruturas cósmicas, nascidas de flutuações quânticas amplificadas pelo colapso gravitacional, representam as sementes a partir das quais as galáxias e os enxames de galáxias cresceriam mais tarde. A formação de estrelas constituiu um marco significativo na evolução cósmica, uma vez que os seus processos de fusão nuclear começaram a transformar o hidrogénio e o hélio primordiais em elementos mais pesados, essenciais para a formação de planetas e, em última análise, para o aparecimento da vida.

A teia cósmica e a estrutura em grande escala

A distribuição das galáxias no Universo não é aleatória, mas sim organizada numa vasta teia cósmica de filamentos, vazios, aglomerados e superaglomerados. A teia cósmica traça a distribuição subjacente da matéria negra, uma forma invisível de matéria que supera a matéria comum por um fator de cerca de cinco para um. A influência gravitacional da matéria escura fornece os andaimes sobre os quais as galáxias e os aglomerados de galáxias se vão formando ao longo de milhares de milhões de anos.

Simulações computacionais e estudos observacionais, como o Sloan Digital Sky Survey (SDSS) e a missão Gaia da Agência Espacial Europeia, mapearam a teia cósmica com um pormenor sem precedentes. Estes esforços revelam como as galáxias se agrupam ao longo de filamentos, onde se fundem para formar estruturas maiores ligadas pela gravidade. A compreensão da formação e evolução da teia cósmica permite compreender a natureza da matéria escura, o crescimento das galáxias e a interconexão das estruturas cósmicas a uma vasta escala cósmica.

Conclusão

Este capítulo iluminou as primeiras épocas da história cósmica, desde o nascimento explosivo do Universo no Big Bang até à formação das primeiras galáxias e ao aparecimento da teia cósmica. A viagem pela infância do Universo sublinha a intrincada interação dos processos físicos que moldaram o cosmos ao longo de milhares de milhões de anos. À medida que continuamos a nossa odisseia através das *Perspectivas Cósmicas*, vamos explorar mais a evolução das galáxias, os mistérios da matéria e energia escuras e a procura da humanidade para compreender o cosmos e o nosso lugar nele.

Capítulo 2: O reino galáctico: Diversidade e Evolução

Introdução

Na vasta extensão do cosmos, as galáxias são como ilhas cósmicas, cada uma delas um testemunho da interação entre a gravidade, a dinâmica dos gases e a evolução estelar. Este capítulo explora a rica diversidade das galáxias, desde as majestosas espirais até às enigmáticas elípticas, traçando a sua evolução ao longo de escalas de tempo cósmicas e desvendando os mecanismos que moldam a sua morfologia e comportamento.

Tipos de galáxias e suas características

As galáxias exibem uma diversidade notável em termos de estrutura, tamanho e conteúdo, moldada pela sua história de formação e ambiente. Os principais tipos de galáxias observados no Universo incluem galáxias espirais, galáxias elípticas e galáxias irregulares, cada uma distinguida pelas suas características únicas e pelo seu percurso evolutivo.

1. **Galáxias espirais**: As galáxias espirais são caracterizadas pela sua estrutura de disco achatado e rotativo, adornado com braços espirais que irradiam para o exterior a partir de um bojo central. A Via Láctea, a nossa galáxia, é um exemplo perfeito de uma galáxia espiral barrada. As galáxias espirais contêm tipicamente quantidades significativas de gás e poeira concentradas nos seus braços, onde ocorre a formação contínua de estrelas. O bojo central alberga frequentemente estrelas mais velhas, e muitas galáxias espirais albergam buracos negros supermassivos no seu núcleo, cuja influência gravitacional regula a dinâmica da galáxia.

2. **Galáxias Elípticas**: As elípticas, em contraste com as espirais, exibem uma forma elipsoidal suave, sem braços espirais distintos. Variam desde as elípticas gigantes, que podem conter triliões de estrelas, até às elípticas anãs, que são muito mais pequenas e menos luminosas. As galáxias elípticas são compostas principalmente por estrelas mais velhas e contêm relativamente pouco gás e poeira, indicando baixos níveis de formação estelar em curso. A sua formação é frequentemente atribuída a fusões de galáxias, em que as interacções gravitacionais entre galáxias retiram o seu gás e perturbam as suas estruturas originais.

3. **Galáxias Irregulares**: As galáxias irregulares não têm uma forma ou estrutura definida e têm frequentemente um aspeto caótico. Podem variar muito em tamanho e conteúdo, desde pequenas galáxias anãs irregulares até sistemas maiores e com formas mais irregulares. Pensa-se que as galáxias irregulares sofreram interacções gravitacionais ou fusões com outras galáxias, perturbando a sua morfologia e padrões de formação estelar. Estas galáxias podem ainda albergar regiões de formação estelar ativa, alimentadas pela presença de gás e poeira nos seus ambientes.

Evolução e interacções galácticas

A evolução das galáxias é moldada pelas suas interacções entre si e com o ambiente que as rodeia. As fusões e interacções galácticas desempenham um papel crucial na remodelação das estruturas das galáxias e no desencadeamento de explosões de formação estelar. Quando as galáxias colidem, as forças gravitacionais entre elas podem distorcer as suas formas e canalizar gás para regiões onde se formam novas estrelas. Estas interacções podem produzir características impressionantes, como as caudas de maré, as pontes e as conchas observadas em pares de galáxias em interação.

Simulações e observações de enxames de galáxias, que contêm centenas a milhares de galáxias unidas pela gravidade, revelam a intrincada dança das galáxias nestes ambientes densos. A atração gravitacional exercida pela matéria escura, que domina a massa dos enxames de galáxias, influencia os movimentos e a distribuição das galáxias no seu interior. O estudo dos enxames de galáxias permite compreender o crescimento hierárquico das estruturas cósmicas e a evolução das galáxias em escalas de tempo cósmicas.

Buracos negros supermassivos e evolução das galáxias

No coração da maioria das galáxias, incluindo a Via Láctea, encontra-se um buraco negro supermaciço com uma massa milhões a milhares de milhões de vezes superior à do Sol. Estes gigantes cósmicos exercem poderosas forças gravitacionais que podem influenciar a evolução das galáxias que os acolhem. Quando o gás e as estrelas se aproximam de um buraco negro supermaciço, podem formar um disco de acreção - uma massa rodopiante de gás e poeira que aquece e emite radiação em todo o espetro eletromagnético.

Os núcleos galácticos activos (AGNs), alimentados por buracos negros supermassivos, podem libertar enormes quantidades de energia e influenciar as taxas de formação de estrelas e a estrutura da galáxia circundante. Os AGNs são classificados em diferentes tipos com base nas suas propriedades, como as galáxias Seyfert e os quasares, cada um representando diferentes fases da evolução das galáxias e dos seus buracos negros centrais.

O papel do ambiente: Aglomerados, grupos e filamentos

As galáxias não estão uniformemente distribuídas pelo Universo, estando antes organizadas em aglomerados, grupos e filamentos que formam a teia cósmica - uma vasta rede de estruturas interligadas que se estende por milhares de milhões de anos-luz. Os enxames de galáxias são as maiores estruturas gravitacionais do Universo, contendo centenas a milhares de galáxias envoltas em gás quente, emissor de raios X, conhecido como meio intra-aglomerado (ICM).

As interacções com o MCI podem influenciar a evolução de uma galáxia, retirando-lhe os seus reservatórios de gás e extinguindo a formação estelar - um processo conhecido como assédio de galáxias ou "ram pressure stripping". Em contraste, as galáxias localizadas na periferia de aglomerados ou ao longo de filamentos cósmicos podem sofrer menos influência ambiental, permitindo-lhes reter os seus reservatórios de gás e manter a formação estelar em curso.

Conclusão

Este capítulo iluminou o reino diversificado e dinâmico das galáxias, desde as graciosas espirais até às enigmáticas elípticas e irregulares que povoam a paisagem cósmica. O estudo da evolução e das interacções galácticas permite compreender os mecanismos que determinam a formação de estrelas, o papel dos buracos negros supermaciços na regulação do crescimento das galáxias e a influência dos ambientes cósmicos na estrutura galáctica.

Ao continuarmos a nossa exploração em *Perspectivas Cósmicas*, iremos aprofundar os mistérios da formação das galáxias, a dinâmica das interacções galácticas e as profundas implicações das estruturas cósmicas no tecido do Universo. Através de observações, simulações e modelos teóricos, pretendemos desvendar a intrincada tapeçaria das galáxias e o seu papel na formação da história cósmica de evolução e crescimento.

Introdução

As galáxias são os blocos de construção do Universo, vastos conglomerados de estrelas, gás, poeira e matéria escura unidos pela gravidade. Este capítulo explora a rica diversidade das galáxias, a sua classificação, estrutura, mecanismos de formação e o papel que desempenham na formação da paisagem cósmica.

Classificação das Galáxias

As galáxias exibem uma grande variedade de formas e tamanhos, levando à sua classificação em vários tipos principais com base na sua morfologia. A sequência de Hubble, também conhecida como o esquema de classificação morfológica das galáxias, categoriza as galáxias em três tipos principais: galáxias elípticas, galáxias espirais e galáxias irregulares, com subclasses e formas de transição entre elas.

1. **Galáxias Elípticas**: As elípticas são caracterizadas pela sua forma elipsoidal suave e pela ausência de braços espirais distintos. Variam desde as elípticas gigantes, que podem conter triliões de estrelas e dominam os núcleos dos aglomerados de galáxias, até às elípticas anãs, que são mais pequenas e menos luminosas. As galáxias elípticas são tipicamente compostas por estrelas mais velhas e contêm relativamente pouco gás e poeira, indicando baixos níveis de formação estelar em curso. A sua formação é frequentemente atribuída a fusões de galáxias, em que as interacções gravitacionais entre galáxias removem o seu gás e perturbam as suas estruturas originais.

2. **Galáxias espirais**: As galáxias espirais distinguem-se pela sua estrutura de disco achatado e rotativo e pelos braços espirais proeminentes que se estendem para fora a partir de um bojo central. A Via Láctea, a nossa galáxia, é uma galáxia espiral barrada com uma estrutura central em forma de barra que atravessa o seu núcleo. As galáxias espirais contêm quantidades significativas de gás e poeira concentradas nos seus braços, onde ocorre a formação contínua de estrelas. O bojo central alberga frequentemente estrelas mais velhas e muitas galáxias espirais albergam

buracos negros supermassivos no seu núcleo, cuja influência gravitacional regula a dinâmica da galáxia.

3. **Galáxias Irregulares**: As galáxias irregulares não têm uma forma ou estrutura definida e têm frequentemente um aspeto caótico. Podem variar muito em tamanho e conteúdo, desde pequenas galáxias anãs irregulares até sistemas maiores e com formas mais irregulares. Pensa-se que as galáxias irregulares sofreram interacções gravitacionais ou fusões com outras galáxias, perturbando a sua morfologia e padrões de formação estelar. Estas galáxias podem ainda albergar regiões de formação estelar ativa, alimentadas pela presença de gás e poeira nos seus ambientes.

Estrutura e dinâmica galáctica

A estrutura das galáxias é moldada pela interação entre as forças gravitacionais, a dinâmica dos gases e os processos de evolução estelar. Nas galáxias espirais, as estrelas orbitam o centro galáctico em trajectórias elípticas ditadas pela força gravitacional combinada da matéria visível e da componente de matéria escura da galáxia. A presença de um bojo central e de braços em espiral reflecte a distribuição das estrelas e do gás, enquanto as velocidades de rotação das estrelas e do gás fornecem pistas sobre a distribuição da massa total da galáxia, incluindo a matéria escura.

As galáxias elípticas, em contraste, não têm a estrutura de disco achatado das espirais e apresentam uma distribuição mais uniforme de estrelas. A sua forma geral é influenciada pela dinâmica das órbitas estelares e pelos processos de relaxamento que se seguem às fusões de galáxias. As observações de galáxias elípticas revelam uma grande variedade de populações estelares, desde estrelas antigas e ricas em metais até estrelas mais jovens e pobres em metais que se podem ter formado em fusões recentes ou em interacções com galáxias vizinhas.

Formação e evolução galáctica

A formação de galáxias é um processo complexo e contínuo, impulsionado pela montagem hierárquica, fusões e interacções entre galáxias. De acordo com o modelo cosmológico predominante, pequenas flutuações na distribuição da densidade do Universo primitivo cresceram através da instabilidade gravitacional, formando as sementes da estrutura cósmica que se vê atualmente. Ao longo de milhares de milhões de anos, estas flutuações evoluíram para as galáxias e aglomerados de galáxias observados na estrutura de grande escala do Universo.

As simulações em computador e os estudos observacionais, como o projeto Illustris e o Sloan Digital Sky Survey (SDSS), permitiram obter informações sobre a formação e evolução das galáxias em escalas de tempo cósmicas. Estas simulações traçam o crescimento das estruturas cósmicas desde o início do Universo até aos dias de hoje, revelando como as galáxias se fundem, acumulam gás e formam estrelas em resposta aos seus ambientes e dinâmica interna.

Núcleos Galácticos Activos e Galáxias Starburst

Algumas galáxias exibem fenómenos energéticos que as distinguem das galáxias típicas de formação de estrelas. Os núcleos galácticos activos (AGNs) são alimentados por buracos negros supermassivos nos centros das galáxias, onde o gás e a poeira em queda geram radiação intensa em todo o espetro eletromagnético. Os AGNs são classificados em diferentes tipos com base nas suas propriedades, tais como as galáxias Seyfert, que exibem linhas de emissão largas indicativas da atividade do disco de acreção, e os quasares, que são fontes extremamente luminosas visíveis a vastas distâncias cósmicas.

As galáxias Starburst são caracterizadas por taxas excecionalmente elevadas de formação estelar, excedendo em muito as encontradas em galáxias espirais ou elípticas típicas. Estas galáxias passam por rápidas explosões de formação estelar alimentadas por interacções gravitacionais, fusões de galáxias, ou pelo influxo de gás das suas vizinhanças. A intensa radiação ultravioleta emitida por estrelas jovens e maciças aquece o gás e a poeira circundantes, produzindo nebulosas de emissão e provocando poderosos ventos galácticos que podem ejetar gás para o espaço intergaláctico.

O papel da matéria negra na evolução galáctica

A matéria negra, uma forma elusiva de matéria que interage principalmente através da gravidade, desempenha um papel fundamental na formação e evolução das galáxias. As observações das curvas de rotação das galáxias e os efeitos de lentes gravitacionais revelam que as galáxias contêm muito mais massa do que aquela que pode ser contabilizada apenas pela matéria visível. A influência gravitacional da matéria negra fornece a estrutura gravitacional que governa os movimentos das estrelas e do gás no interior das galáxias e dos enxames de galáxias.

A distribuição da matéria escura nas galáxias e nos enxames de galáxias afecta a sua dinâmica, crescimento e evolução em escalas de tempo cósmicas. Nos aglomerados de galáxias, onde a matéria escura domina o orçamento de massa, a sua atração gravitacional molda a distribuição das galáxias e regula o gás quente emissor de raios X observado no meio intra-aglomerado (ICM). Compreender as propriedades e a distribuição da matéria escura é essencial para decifrar os mecanismos de formação das galáxias e as estruturas de maior escala que estas habitam.

Conclusão

Este capítulo iluminou a rica diversidade e a evolução dinâmica das galáxias, desde as graciosas espirais e elípticas até às irregulares que povoam a paisagem cósmica. O estudo da morfologia, dinâmica e interacções galácticas permite compreender os mecanismos que conduzem à formação de estrelas, o papel dos buracos negros supermassivos na regulação do crescimento das galáxias e a influência da matéria escura na estrutura galáctica.

Ao continuarmos a nossa exploração em *Perspectivas Cósmicas*, aprofundaremos os mistérios da formação das galáxias, a dinâmica da teia cósmica e as profundas implicações das galáxias no tecido do Universo. Através de observações, simulações e modelos teóricos, pretendemos desvendar a intrincada tapeçaria das galáxias e o seu papel na formação da história cósmica da evolução e do crescimento.

Capítulo 4: Mistérios cósmicos: Matéria Escura e Energia Escura

Introdução

O cosmos está permeado de mistérios que desafiam a nossa atual compreensão do universo. Entre os mais desconcertantes estão a matéria escura e a energia escura - componentes invisíveis que dominam a paisagem cósmica e influenciam a evolução das galáxias e a expansão do Universo. Este capítulo investiga a natureza, as evidências e as implicações da matéria escura e da energia escura, desvendando os seus profundos mistérios.

Matéria negra: Influência invisível

A matéria negra constitui aproximadamente 27% do conteúdo total de massa e energia do Universo, mas a sua presença permanece enigmática porque não emite, não absorve, nem reflecte radiação electromagnética. As provas da existência da matéria escura provêm dos seus efeitos gravitacionais na matéria visível, nas estrelas e nas galáxias do Universo.

1. **Evidências observacionais**: A descoberta de discrepâncias nas velocidades de rotação das galáxias, conhecidas como curvas de rotação das galáxias, forneceu as primeiras indicações da presença de matéria escura. As galáxias rodam a velocidades que implicam a presença de mais massa do que aquela que pode ser contabilizada apenas pela matéria visível. Esta discrepância sugere a existência de um halo de matéria negra que envolve as galáxias e exerce influência gravitacional nas suas regiões exteriores.

2. **Lente Gravitacional**: A influência gravitacional da matéria escura também se manifesta através da lente gravitacional - a curvatura da luz de galáxias distantes pelo campo gravitacional de estruturas de matéria escura em primeiro plano. As observações dos efeitos de lente gravitacional, tanto em enxames de galáxias como em escalas cósmicas maiores, fornecem mais provas da presença de matéria escura e permitem aos astrónomos mapear a sua distribuição no Universo.

3. Radiação cósmica de fundo em micro-ondas **(CMB)**: A radiação cósmica de fundo em micro-ondas, a radiação relíquia dos primórdios do universo, também oferece informações sobre a influência da matéria escura. As variações na temperatura e nos padrões de polarização da CMB fornecem

informações sobre a quantidade e a distribuição da matéria escura pouco depois do Big Bang, apoiando a existência da matéria escura como componente fundamental da formação da estrutura do Universo.

Candidatos à matéria escura e esforços de deteção

Apesar da sua influência omnipresente, a natureza da matéria escura continua a ser elusiva. Vários modelos teóricos propõem diferentes candidatos para as partículas de matéria negra, cada um com propriedades e forças de interação distintas.

1. **Partículas maciças de interação fraca (WIMPs)**: As WIMPs são um dos principais candidatos à matéria escura e são previstas por vários quadros teóricos, incluindo a supersimetria. Estas partículas interagem fracamente com a matéria ordinária e supõe-se que tenham sido produzidas no Universo primitivo em quantidades suficientes para explicar a densidade de matéria escura observada.

2. **Axiões e outros candidatos**: Os axiões são partículas hipotéticas originalmente propostas para resolver problemas de física de partículas, mas que, devido às suas propriedades, também têm sido consideradas como potenciais candidatas a matéria negra. Outros candidatos, como os neutrinos estéreis e os buracos negros primordiais, estão também a ser investigados, oferecendo cada um deles vias únicas de deteção e exploração.

Estão em curso esforços para detetar direta ou indiretamente partículas de matéria escura através de experiências como as colaborações Large Underground Xenon (LUX), XENON e SuperCDMS, que visam captar interacções raras entre partículas de matéria escura e matéria vulgar. Os métodos de deteção indireta, como a procura de emissões de raios gama resultantes da aniquilação ou decaimento da matéria escura, complementam estes esforços, investigando fenómenos cósmicos associados às interacções da matéria escura.

Energia negra: Acelerando a expansão

A energia escura compreende aproximadamente 68% da densidade total de energia do universo e é responsável pela expansão acelerada do universo - uma descoberta que derrubou as teorias cosmológicas convencionais e coloca questões profundas sobre o destino final do universo.

1. **Provas de uma Expansão Acelerada**: As observações de supernovas distantes, como as supernovas de Tipo Ia, forneceram a primeira prova convincente da aceleração cósmica. Estas supernovas apareceram mais fracas do que o esperado, indicando que estavam mais longe do que o previsto por um universo com uma taxa de expansão em desaceleração devido apenas à gravidade.

2. **Fundo Cósmico de Micro-ondas (CMB)**: As medições do CMB efectuadas por satélites como a missão Planck também apoiam a existência de energia escura. As variações na temperatura da CMB ao longo do céu fornecem informações sobre a história da expansão do Universo e a quantidade de energia escura presente.

3. **Estrutura em grande escala**: A distribuição de galáxias e aglomerados de galáxias em escalas cósmicas corrobora ainda mais a existência da energia escura. As medições dos padrões de aglomeração de galáxias, combinadas com as observações da CMB e das supernovas, ajudam a determinar as propriedades da energia escura e as suas implicações para a evolução cósmica.

Modelos teóricos da energia negra

A compreensão da energia escura constitui um dos maiores desafios da cosmologia, uma vez que a sua origem e natureza permanecem especulativas. A constante cosmológica, inicialmente proposta por Albert Einstein, representa uma explicação possível para a energia escura - uma densidade de energia constante que preenche o espaço vazio e impulsiona a aceleração cósmica.

1. **Quintessência e Modelos Dinâmicos**: Os modelos de quintessência propõem que a energia escura é um campo dinâmico que evolui ao longo do tempo cósmico, distinto da constante cosmológica. Estes modelos prevêem variações nas propriedades da energia escura, que poderão ser potencialmente observadas através de futuros estudos e experiências astronómicas.

2. **Teorias da Gravidade Modificada**: As teorias alternativas da gravidade, como a dinâmica newtoniana modificada (MOND) e as teorias escalares-tensoriais, também tentam explicar a aceleração cósmica sem invocar a energia escura. Estas teorias modificam as leis gravitacionais em grandes escalas, mas têm de se conciliar com os constrangimentos observacionais

da dinâmica das galáxias, das lentes gravitacionais e das medições da radiação cósmica de fundo em micro-ondas.

Implicações para o destino do Universo

A existência da energia escura tem implicações profundas para a evolução futura do Universo. Se a influência da energia escura continuar a dominar, o Universo pode continuar a expandir-se indefinidamente, conduzindo potencialmente a um cenário de "Grande Congelamento", em que as galáxias se afastam cada vez mais, as estrelas se extinguem e o Universo se torna cada vez mais frio e escuro ao longo de escalas de tempo cósmicas.

Em alternativa, a natureza da energia escura e as suas interacções com outros componentes cósmicos podem conduzir a um cenário de "Big Rip", em que os efeitos repulsivos da energia escura se tornam mais fortes ao longo do tempo, acabando por despedaçar galáxias, estrelas e mesmo núcleos atómicos, num fim cataclísmico da estrutura cósmica.

Conclusão

Este capítulo desvendou os profundos mistérios da matéria negra e da energia negra, componentes invisíveis que moldam a paisagem cósmica e influenciam a evolução das galáxias e o destino do Universo. Desde as assinaturas gravitacionais da matéria escura nas galáxias até à expansão acelerada impulsionada pela energia escura, estas entidades enigmáticas desafiam a nossa compreensão da física fundamental e da cosmologia.

Ao continuarmos a nossa exploração em *Perspectivas Cósmicas*, iremos aprofundar os esforços em curso para detetar e compreender as partículas de matéria escura, a procura de explicações alternativas para a aceleração cósmica e as implicações destas descobertas para a nossa compreensão da origem e destino do Universo. Através de modelos teóricos, campanhas de observação e esforços experimentais, pretendemos desvendar os mistérios da matéria negra e da energia negra e iluminar o seu papel na formação da narrativa cósmica da evolução e expansão.

Capítulo 5: Origens da vida e mundos habitáveis

Introdução

No vasto cosmos, a Terra é um farol de vida - um oásis raro no meio do vazio inóspito do espaço. Este capítulo explora as origens da vida na Terra, as condições necessárias para a habitabilidade no nosso sistema solar e para além dele, e a procura de vida noutras partes do Universo.

Origens da vida na Terra

A tentativa de compreender as origens da vida na Terra está enraizada no estudo da química, geologia e biologia. Embora os mecanismos exactos pelos quais a vida surgiu permaneçam incertos, vários marcos e processos chave moldaram a nossa compreensão:

1. **Terra Primordial**: A Terra formou-se há cerca de 4,5 mil milhões de anos a partir do acúmulo de poeira cósmica e gás no início do sistema solar. Durante a sua infância, a Terra foi bombardeada por asteróides e cometas, que lhe forneceram água e moléculas orgânicas - blocos de construção essenciais para o aparecimento da vida.

2. **Evolução química**: Nos oceanos primordiais, as moléculas orgânicas simples sofreram reacções químicas complexas impulsionadas por fontes de energia como a radiação ultravioleta, os relâmpagos e as fontes hidrotermais. Estas reacções deram origem a compostos orgânicos mais complexos, incluindo aminoácidos e nucleótidos - os blocos de construção das proteínas e dos ácidos nucleicos.

3. **Hipótese do Mundo de ARN**: A hipótese do mundo do ARN propõe que o ARN (ácido ribonucleico), uma molécula versátil capaz de armazenar informação genética e catalisar reacções químicas, precedeu o ADN como material genético primário. As moléculas de ARN podem ter-se auto-replicado e evoluído num ambiente pré-biótico, lançando as bases para o aparecimento da vida celular.

4. **Origem da vida celular**: A transição de moléculas orgânicas complexas para células primitivas marca um momento crucial na evolução da vida. Estruturas ligadas a membranas, conhecidas como protocélulas, podem

ter-se formado a partir de moléculas lipídicas, encerrando material genético e vias metabólicas essenciais para sustentar e replicar a vida.

Condições de Habitabilidade

A procura de vida para além da Terra centra-se na identificação de planetas e luas dentro e fora do nosso sistema solar que possuam condições propícias à vida tal como a conhecemos. O conceito de habitabilidade engloba vários factores-chave:

1. **Água líquida**: A água é essencial para a química da vida e serve de solvente para as reacções bioquímicas. Os corpos planetários localizados na "zona habitável" de uma estrela - a região onde as temperaturas permitem a existência de água líquida numa superfície planetária - são os principais candidatos à habitabilidade.

2. **Ambiente estável**: A habitabilidade também depende de um ambiente estável onde as condições permanecem conducentes à vida ao longo de escalas de tempo geológicas. Factores como a atmosfera de um planeta, a atividade geológica e o campo magnético influenciam a sua capacidade de manter temperaturas estáveis à superfície e de se proteger contra a radiação cósmica nociva.

3. **Ingredientes químicos**: A presença de ingredientes químicos essenciais, incluindo carbono, hidrogénio, azoto, oxigénio, fósforo e enxofre - vulgarmente designados por elementos CHNOPS - suporta os processos bioquímicos da vida. Os ambientes planetários que proporcionam acesso a estes elementos através de processos geológicos ou de fornecimento a partir do espaço aumentam a sua potencial habitabilidade.

4. **Fontes de energia**: As fontes de energia, tais como a luz solar para a fotossíntese ou a energia química das fontes hidrotermais, sustentam o metabolismo da vida e impulsionam os processos biológicos. Os corpos planetários com diversas fontes de energia e ciclos de nutrientes podem suportar ecossistemas capazes de prosperar em ambientes extremos.

Explorando o Sistema Solar em busca de habitabilidade

No nosso sistema solar, vários corpos planetários apresentam ambientes potencialmente habitáveis que merecem ser explorados e investigados:

1. **Marte**: Marte, muitas vezes referido como o "planeta irmão" da Terra, tem características geológicas que sugerem antigos vales de rios, leitos de lagos e calotes polares. Missões recentes, incluindo o rover Perseverance da NASA e o programa ExoMars da Agência Espacial Europeia, têm como objetivo procurar sinais de vida microbiana passada e avaliar a potencial habitabilidade de Marte.

2. **Europa e Enceladus**: A lua Europa, de Júpiter, e a lua Enceladus, de Saturno, albergam oceanos subterrâneos sob as suas crostas geladas. Estes oceanos são aquecidos pelas forças das marés, mantendo a água líquida e proporcionando potencialmente habitats para a vida em ambientes subsuperficiais. Missões propostas, como a Europa Clipper da NASA e a missão JUICE da ESA, procuram explorar estas luas e caraterizar a sua habitabilidade.

3. **Titã**: A lua de Saturno Titã possui lagos e mares de metano e etano líquidos na sua superfície gelada, oferecendo um ambiente único para o estudo da química pré-biótica e de formas alternativas de vida. A missão Dragonfly da NASA planeia explorar a superfície de Titã utilizando uma aeronave de asas rotativas para investigar o seu terreno rico em matéria orgânica e avaliar o seu potencial de habitabilidade.

Sistemas exoplanetários e a procura de vida

Para além do nosso sistema solar, os astrónomos descobriram milhares de exoplanetas - planetas que orbitam outras estrelas que não o Sol. A procura de exoplanetas habitáveis centra-se na identificação de planetas semelhantes à Terra dentro das zonas habitáveis das suas estrelas e na caraterização das suas atmosferas em busca de sinais de vida:

1. **Métodos de trânsito e de velocidade radial**: A fotometria de trânsito e as técnicas de velocidade radial permitem aos astrónomos detetar exoplanetas medindo o escurecimento periódico da luz estelar quando um planeta passa em frente da sua estrela hospedeira ou detectando a oscilação gravitacional da estrela induzida pela órbita do planeta.

2. **Caracterização da atmosfera**: As observações feitas com telescópios espaciais como o Telescópio Espacial Hubble da NASA e missões futuras como o Telescópio Espacial James Webb (JWST) têm como objetivo analisar as atmosferas dos exoplanetas em busca de assinaturas

moleculares de água, dióxido de carbono, metano e oxigénio - indicadores que podem sugerir a presença de atividade biológica.

3. **Avanços tecnológicos**: Os futuros telescópios e instrumentos, incluindo o Telescópio Extremamente Grande (ELT), o Telescópio Gigante de Magalhães (GMT) e o estudo do conceito LUVOIR, aumentarão ainda mais a nossa capacidade de detetar e caraterizar exoplanetas, fazendo avançar a nossa compreensão da sua potencial habitabilidade e a procura de vida extraterrestre.

Considerações filosóficas e éticas

A exploração das origens da vida e a procura de mundos habitáveis provocam profundas questões filosóficas e éticas sobre o lugar da humanidade no universo e as nossas responsabilidades enquanto exploradores:

1. **Significado cósmico**: A descoberta de vida para além da Terra poria em causa a nossa compreensão da raridade da vida e do seu significado cósmico. Levanta questões sobre as condições necessárias para o aparecimento e sustentação da vida e as implicações para o nosso lugar no cosmos.

2. **Imperativos éticos**: As considerações éticas que envolvem a exploração de mundos habitáveis e a potencial descoberta de vida extraterrestre abrangem questões de proteção planetária, exploração responsável e a preservação de potenciais biosferas da contaminação por organismos terrestres.

3. **Impacto cultural e social**: O impacto social da descoberta de vida extraterrestre vai para além da curiosidade científica e estende-se aos domínios cultural, religioso e filosófico. Leva-nos a refletir sobre a nossa humanidade comum, a diversidade da vida no universo e os quadros éticos que orientam as nossas interacções com potenciais civilizações extraterrestres.

Conclusão

Este capítulo explorou as origens da vida na Terra, as condições necessárias para a habitabilidade no nosso sistema solar e para além dele, e a procura da humanidade para descobrir vida noutros locais do Universo. Desde a evolução química das moléculas orgânicas até à procura de sistemas exoplanetários e às considerações éticas em torno da exploração, a busca da compreensão das origens e da diversidade da vida desafia as nossas perspectivas e inspira futuras explorações e descobertas.

À medida que continuamos a nossa odisseia através das *Perspectivas Cósmicas*, iremos aprofundar as dimensões científicas e filosóficas da astrobiologia, os avanços tecnológicos que impulsionam a investigação exoplanetária e as implicações da descoberta de vida para além da Terra. Através da colaboração e exploração interdisciplinares, o nosso objetivo é iluminar os mistérios das origens da vida e o potencial da vida para prosperar na tapeçaria cósmica do espaço e do tempo.

Capítulo 6: A Viagem Cósmica da Humanidade

Introdução

A exploração do cosmos pela humanidade é um testemunho da nossa curiosidade, engenho e procura de conhecimento. Este capítulo narra a nossa viagem desde as antigas observações do céu noturno até aos modernos esforços de exploração espacial, destacando os principais marcos, os avanços tecnológicos e o profundo impacto da exploração espacial na ciência, na sociedade e na nossa compreensão do universo.

Observações antigas e compreensão inicial

Desde a antiguidade que os seres humanos olham para as estrelas, procurando compreender os fenómenos celestes que pontuam o céu noturno. As primeiras civilizações desenvolveram técnicas de observação e mitologias para explicar os movimentos dos corpos celestes, marcando o início da viagem cósmica da humanidade:

1. **Observações astronómicas antigas**: As culturas antigas, como os babilónios, egípcios, gregos e chineses, deram contributos significativos para a astronomia através do registo sistemático de acontecimentos celestes, do desenvolvimento de calendários e da formulação dos primeiros modelos do cosmos.

2. **Astronomia grega**: As contribuições dos filósofos gregos, incluindo Aristóteles, Ptolomeu e Aristarco, lançaram as bases da astronomia ocidental. Aristarco propôs um modelo heliocêntrico do sistema solar, colocando o Sol no centro - uma ideia à frente do seu tempo que mais tarde seria revisitada durante a Revolução Científica.

3. **Astronomia islâmica**: Durante a Idade de Ouro islâmica, estudiosos como Al-Battani, Al-Biruni e Ibn al-Haytham fizeram avanços revolucionários na astronomia, incluindo o aperfeiçoamento de técnicas de observação, o desenvolvimento de astrolábios e globos celestes e a preservação e tradução de textos gregos antigos.

A Revolução Científica e o Nascimento da Astronomia Moderna

A Revolução Científica dos séculos XVI e XVII marcou um período de transformação na compreensão do cosmos por parte da humanidade. Figuras-chave, incluindo Copérnico, Galileu, Kepler e Newton, revolucionaram a astronomia através de observações empíricas, princípios matemáticos e a formulação de leis universais do movimento e da gravitação:

1. **Revolução Copernicana**: Nicolau Copérnico propôs um modelo heliocêntrico do sistema solar na sua obra seminal *De Revolutionibus Orbium Coelestium* (Sobre as Revoluções das Esferas Celestes), desafiando a visão geocêntrica e abrindo caminho para a astronomia moderna.

2. **Observações de Galileu**: As observações telescópicas de Galileu Galilei da Lua, das luas de Júpiter e das manchas solares forneceram provas convincentes do modelo heliocêntrico e demonstraram o potencial dos telescópios como instrumentos de descoberta astronómica.

3. **Leis do Movimento Planetário de Kepler**: Johannes Kepler formulou três leis do movimento planetário com base em dados de observação recolhidos por Tycho Brahe. As leis de Kepler descrevem as órbitas elípticas dos planetas em torno do Sol e lançaram as bases para a teoria da gravitação universal de Newton.

4. **Síntese newtoniana**: Os *Principia Mathematica* (Princípios Matemáticos da Filosofia Natural) de Isaac Newton introduziram o conceito de força gravitacional, explicando os movimentos dos corpos celestes e prevendo as órbitas dos cometas. As leis do movimento e da gravitação de Newton estabeleceram um quadro unificado para a compreensão do cosmos e continuam a ser fundamentais na física moderna.

Exploração do Sistema Solar

O século XX testemunhou as primeiras incursões da humanidade para além da Terra, explorando os planetas e as luas do nosso sistema solar através de naves espaciais robóticas e de veículos de aterragem. Estas missões revolucionaram a nossa compreensão da geologia planetária, das atmosferas e do potencial de habitabilidade:

1. **Corrida Espacial e Exploração Lunar**: A era da Guerra Fria estimulou uma competição entre os Estados Unidos e a União Soviética para alcançar marcos na exploração espacial. Em 1957, a União Soviética lançou o Sputnik 1, o primeiro satélite artificial, seguido do histórico voo orbital de Yuri Gagarin em 1961. O programa Apollo da NASA culminou em 1969 com a histórica missão Apollo 11, quando os astronautas Neil Armstrong e Buzz Aldrin se tornaram os primeiros humanos a caminhar na Lua.

2. **Exploração planetária**: As missões robóticas, como as naves espaciais Mariner, Viking e Voyager da NASA e as missões Venera da União Soviética, forneceram conhecimentos sem precedentes sobre os planetas e as luas do nosso sistema solar. Destaca-se a exploração de Marte por rovers como o Spirit, Opportunity, Curiosity e Perseverance, que estudaram a geologia marciana, o clima e o potencial de habitabilidade no passado.

3. **Exploração de planetas exteriores**: A Voyager 1 e a Voyager 2 realizaram grandes viagens aos planetas exteriores, incluindo Júpiter, Saturno, Úrano e Neptuno, fornecendo observações detalhadas das suas atmosferas, luas e campos magnéticos. Estas missões alargaram a nossa compreensão da diversidade planetária e dos sistemas complexos do nosso sistema solar.

Para além do Sistema Solar: Astronomia Observacional e Descobertas Exoplanetárias

Os avanços na astronomia observacional permitiram a descoberta de milhares de exoplanetas - planetas que orbitam estrelas para além do nosso sistema solar - e forneceram informações sobre a prevalência e diversidade de sistemas planetários no universo:

1. **Descobertas de exoplanetas**: O Telescópio Espacial Kepler, lançado pela NASA em 2009, revolucionou a ciência exoplanetária ao detetar milhares de candidatos a exoplanetas através do método de trânsito - medindo o escurecimento periódico da luz das estrelas quando os planetas passam em frente das suas estrelas hospedeiras.

2. **Caracterização das atmosferas dos exoplanetas**: Observações de seguimento utilizando telescópios espaciais como o Telescópio Espacial

Hubble da NASA e o futuro Telescópio Espacial James Webb (JWST) têm como objetivo caraterizar as atmosferas dos exoplanetas e procurar assinaturas moleculares indicativas de habitabilidade ou potencial atividade biológica.

3. **Missões futuras e imagiologia direta**: Futuras missões espaciais, como a ARIEL (Atmospheric Remote-sensing Infrared Exoplanet Large-survey) da ESA e a LUVOIR (Large UV/Optical/IR Surveyor) da NASA, farão avançar ainda mais a nossa capacidade de estudar atmosferas e superfícies de exoplanetas e potenciais bioassinaturas através de imagens directas e análise espectroscópica.

Exploração humana de Marte e mais além

No século XXI, a atenção da humanidade voltou-se para o estabelecimento de uma presença sustentada para além da Terra, com Marte a emergir como um alvo principal para missões de exploração tripuladas:

1. **Programa Artemis da NASA**: O programa Artemis da NASA tem como objetivo o regresso de seres humanos à Lua em meados da década de 2020, estabelecendo um posto avançado lunar sustentável conhecido como Gateway. As missões Artemis servirão de trampolim para futuras missões tripuladas a Marte e para a exploração do espaço profundo.

2. **Colaboração internacional**: A Estação Espacial Internacional (ISS) representa um esforço de colaboração que envolve agências espaciais de todo o mundo para efetuar investigação científica e demonstrações tecnológicas em microgravidade. A ISS serve de banco de ensaio para futuras missões humanas de longa duração para além da órbita terrestre.

3. **Exploração de Marte**: O programa de exploração de Marte da NASA inclui missões robóticas, como o rover Perseverance e a próxima missão Mars Sample Return, que tem como objetivo recolher e devolver à Terra amostras de rocha e solo marcianos para análise detalhada. Estas missões preparam o caminho para missões tripuladas a Marte nas próximas décadas.

O futuro da exploração espacial e das viagens interestelares

Olhando para o futuro, o futuro da exploração espacial é promissor para fazer avançar a compreensão do cosmos por parte da humanidade e o nosso potencial para explorar mundos distantes:

1. **Avanços tecnológicos**: Os avanços nos sistemas de propulsão, nas tecnologias de apoio à vida e na robótica autónoma aumentarão a nossa capacidade de explorar e manter a presença humana noutros corpos planetários e mais além.

2. **Sondas e missões interestelares**: Conceitos para viagens interestelares, tais como o Breakthrough Starshot e o programa NIAC (Innovative Advanced Concepts) da NASA, propõem missões ambiciosas para enviar nanonaves ou sondas robóticas para sistemas estelares vizinhos, podendo atingi-los durante a vida humana.

3. **Astrobiologia e a procura de vida**: A exploração continuada de Marte, Europa, Enceladus e outros corpos do sistema solar centrar-se-á na procura de sinais de vida passada ou presente. As futuras missões poderão também ter como alvo sistemas exoplanetários identificados como potenciais candidatos a albergar ambientes habitáveis ou vida extraterrestre.

Implicações éticas e sociais da exploração espacial

A exploração do espaço suscita considerações éticas e implicações sociais relativamente à proteção do planeta, à utilização de recursos e à potencial descoberta de vida extraterrestre:

1. **Proteção planetária**: Os acordos e orientações internacionais regem as medidas de proteção planetária para evitar a contaminação biológica entre a Terra e outros corpos celestes. Estas medidas asseguram a integridade científica e preservam potenciais biosferas para exploração futura.

2. **Utilização de recursos**: A utilização de recursos espaciais, como o gelo de água na Lua e nos asteróides, é promissora para apoiar futuras missões humanas e permitir uma exploração sustentável para além da órbita da Terra. As considerações éticas incluem o acesso equitativo, a gestão ambiental e a cooperação internacional.

3. **Impacto na sociedade**: A exploração espacial inspira a curiosidade científica, a inovação tecnológica e a colaboração internacional. Estimula o interesse pela educação STEM (ciência, tecnologia, engenharia e matemática), fomenta o intercâmbio cultural e promove a cooperação global na resolução de desafios comuns.

Conclusão

Este capítulo traçou a viagem cósmica da humanidade desde as antigas observações do céu noturno até aos esforços modernos de exploração espacial, destacando os principais marcos, os avanços tecnológicos e o profundo impacto da exploração espacial na ciência, na sociedade e na nossa compreensão do universo. Desde as primeiras descobertas astronómicas até às missões robóticas que exploram os planetas e as luas do nosso sistema solar, passando pela procura de exoplanetas habitáveis e de potencial vida extraterrestre, a exploração do cosmos pela humanidade continua a alargar as fronteiras do conhecimento e a inspirar as gerações futuras.

Ao olharmos para o futuro nas *Perspectivas Cósmicas*, antecipamos novos avanços na exploração espacial, incluindo missões tripuladas a Marte, o estudo de sistemas exoplanetários e a procura de viagens interestelares. Através da colaboração internacional, da gestão ética e da exploração científica, esforçamo-nos por desvendar os mistérios do universo e o lugar da humanidade no mesmo, abrindo caminho para um futuro em que a nossa viagem cósmica continue a expandir a nossa compreensão e a inspirar as gerações vindouras.

Capítulo 7: Reflexões filosóficas sobre o cosmos

Introdução

A exploração do cosmos não só expande a nossa compreensão científica, como também levanta questões filosóficas profundas sobre a existência, a consciência, a natureza da realidade e o lugar da humanidade no universo. Este capítulo aborda reflexões filosóficas inspiradas pela nossa exploração do espaço, abrangendo a cosmologia, a metafísica, a ética e a procura de significado na vastidão do cosmos.

Perspectivas Cosmológicas: Origens e Evolução

1. **Origens cósmicas**: A cosmologia procura compreender as origens, a evolução e o destino final do Universo. A teoria do Big Bang, apoiada por provas observacionais como a radiação cósmica de fundo em micro-ondas e a estrutura em grande escala das galáxias, propõe que o universo começou como um acontecimento singular há cerca de 13,8 mil milhões de anos. Isto levanta questões sobre o que terá precedido o Big Bang e se o nosso universo faz parte de um multiverso mais vasto.

2. **A Flecha do Tempo**: O conceito de flecha do tempo, tal como elucidado pela segunda lei da termodinâmica, sugere uma progressão irreversível da ordem para a desordem - uma direccionalidade que molda a evolução cósmica. A expansão do universo, a formação de galáxias e estrelas e o destino final das estruturas cósmicas reflectem este princípio entrópico, levando à reflexão sobre a natureza do tempo e da causalidade no cosmos.

3. **Princípio antrópico**: O princípio antrópico postula que as constantes fundamentais do universo e as leis físicas estão afinadas para permitir o aparecimento da vida e da consciência. Isto levanta questões sobre se o nosso universo é o único adequado para a vida e se existem outros universos com parâmetros físicos diferentes - um conceito explorado no contexto da hipótese do multiverso.

Questões metafísicas: Natureza da Realidade e Existência

1. **Natureza do espaço e do tempo**: A exploração do espaço-tempo, tal como descrita pela teoria da relatividade geral de Einstein, desafia as

noções convencionais de espaço e tempo como entidades absolutas e separadas. Em vez disso, o espaço-tempo é dinâmico e curvado pela massa e pela energia, entrelaçando o tecido do cosmos com a passagem do tempo.

2. **Consciência cósmica**: Os filósofos ponderam se a consciência é um aspeto fundamental do universo ou uma propriedade emergente de sistemas biológicos complexos. Explorar o potencial da consciência para além da Terra levanta questões sobre a natureza da vida inteligente, o seu desenvolvimento evolutivo e o seu lugar na ordem cósmica.

3. **Questões existenciais**: Contemplar a nossa existência na vastidão do cosmos suscita questões existenciais sobre o objetivo humano, o significado e a nossa interligação com o universo. A procura de significado nas descobertas cosmológicas e a busca de conhecimento sobre as nossas origens cósmicas reflectem a procura de compreensão e auto-descoberta por parte da humanidade.

Considerações éticas: Responsabilidades dos Exploradores Cósmicos

1. **Administração planetária**: À medida que a humanidade se aventura para além da Terra, surgem considerações éticas em torno da gestão planetária e da responsabilidade ambiental. As medidas para proteger os corpos celestes da contaminação e preservar a sua integridade científica garantem a sustentabilidade da exploração futura e atenuam os potenciais impactos nos ambientes extraterrestres.

2. **Impactos culturais e sociais**: A exploração do espaço fomenta o intercâmbio cultural, inspira a inovação tecnológica e promove a cooperação global. As considerações éticas incluem o acesso equitativo aos recursos espaciais, a proteção de locais de património cultural em corpos celestes e a promoção da cooperação pacífica na resolução de desafios comuns.

3. **Gerações futuras**: A exploração espacial tem implicações para as gerações futuras, moldando a trajetória da civilização humana e influenciando as decisões éticas sobre a atribuição de recursos, o desenvolvimento tecnológico e a preservação do ambiente da Terra. As considerações sobre a equidade intergeracional e as práticas sustentáveis

orientam os esforços para fazer avançar a viagem cósmica da humanidade de forma responsável.

Reflexões filosóficas sobre a vida extraterrestre

1. **Natureza da vida**: A procura de vida extraterrestre levanta questões sobre a natureza da própria vida - a sua definição, propriedades fundamentais e formas potenciais para além da biosfera da Terra. As investigações filosóficas exploram a diversidade de formas de vida possíveis, as suas bases bioquímicas e as condições necessárias para o seu aparecimento e evolução.

2. **Comunicação e contacto**: Contemplar a possibilidade de contacto com civilizações extraterrestres leva a reflexões éticas e filosóficas sobre protocolos de comunicação, intercâmbio cultural e as implicações da descoberta de vida inteligente para além da Terra. Estas considerações informam os esforços para estabelecer quadros para um envolvimento responsável e compreensão mútua.

3. **Perspectivas Cósmicas sobre a Humanidade**: A reflexão sobre a nossa viagem cósmica convida à contemplação da identidade colectiva da humanidade, das suas aspirações e do seu legado no universo. As reflexões filosóficas exploram a nossa humanidade partilhada, a diversidade cultural e os imperativos éticos de explorar o cosmos com humildade, curiosidade e reverência pela interligação da vida.

A estética cósmica e o sublime

1. **Apreciação estética**: A exploração do cosmos inspira admiração e espanto, convidando à contemplação estética dos fenómenos celestes, das paisagens cósmicas e da beleza da grandeza do universo. As expressões artísticas, as visualizações científicas e as interpretações culturais enriquecem a nossa compreensão da estética cósmica e da experiência humana do sublime.

2. **Experiências Transcendentes**: As reflexões filosóficas sobre o sublime - encontros com a vastidão, complexidade e mistério do cosmos - evocam experiências transcendentes que transcendem a perceção comum e provocam respostas emocionais e intelectuais profundas. Estas experiências moldam as nossas percepções da realidade, da consciência e da interconexão da existência.

Conclusão

Este capítulo navegou por reflexões filosóficas sobre o cosmos, abrangendo perspectivas cosmológicas, questões metafísicas, considerações éticas, reflexões sobre a vida extraterrestre, estética cósmica e o sublime. Desde a contemplação das origens e da evolução do universo até à ponderação do lugar da humanidade na ordem cósmica, as reflexões filosóficas convidam-nos a explorar as questões profundas que surgem da nossa viagem cósmica.

À medida que continuamos a nossa exploração em *Perspectivas Cósmicas*, embarcamos numa viagem de descoberta e contemplação, guiados pela curiosidade, humildade e procura de uma compreensão mais profunda do universo e do nosso lugar nele. Através do diálogo interdisciplinar, da investigação ética e da reflexão filosófica, iluminamos os mistérios do cosmos e abraçamos o poder transformador da exploração cósmica na formação do nosso futuro coletivo e na expansão dos horizontes do conhecimento humano.

Capítulo 8: O futuro da exploração cósmica

Introdução

O futuro da exploração cósmica é promissor para o avanço da compreensão do universo pela humanidade, para a descoberta de novas fronteiras e para inspirar as gerações futuras. Este capítulo explora as próximas missões, inovações tecnológicas e conceitos visionários que irão moldar a próxima era da exploração espacial, desde as missões tripuladas a Marte e mais além até à procura de vida extraterrestre e à expansão da presença humana no cosmos.

Missões tripuladas a Marte: A Próxima Fronteira

1. **Programa Artemis da NASA**: O programa Artemis da NASA tem como objetivo o regresso de seres humanos à Lua em meados da década de 2020, estabelecendo um posto avançado lunar sustentável conhecido como Gateway. As missões Artemis servirão de trampolim para missões tripuladas a Marte, aproveitando os recursos lunares e testando tecnologias essenciais para a exploração do espaço profundo.

2. **Conceitos Mars Direct e Mars Semi-Direct**: Propostas pelo engenheiro aeroespacial Robert Zubrin, as arquitecturas das missões Mars Direct e Mars Semi-Direct definem estratégias para enviar seres humanos a Marte utilizando tecnologias existentes ou a curto prazo. Estes conceitos dão prioridade à simplicidade, sustentabilidade e acessibilidade económica na realização de missões tripuladas ao Planeta Vermelho.

3. **Nave espacial da SpaceX**: A Starship da SpaceX representa uma nave espacial de próxima geração concebida para missões tripuladas a Marte e mais além. Com capacidades de lançamento e aterragem reutilizáveis, a Starship visa permitir o acesso ao espaço a preços acessíveis, apoiar a exploração lunar e marciana e facilitar a colonização de outros corpos celestes.

Exploração de mundos oceânicos: Europa, Enceladus e mais além

1. **Europa Clipper**: A missão Europa Clipper da NASA tem como objetivo explorar a lua Europa de Júpiter, que alberga um oceano subterrâneo sob a sua crosta gelada. A missão estudará a camada de gelo de Europa, a sua composição superficial e o seu potencial de habitabilidade, abrindo

caminho a futuras missões que procurem sinais de vida no seu oceano subsuperficial.

2. **Enceladus Life Finder (ELF)**: Proposta por cientistas do Laboratório de Propulsão a Jato da NASA, a missão Enceladus Life Finder (ELF) tem como objetivo investigar a lua de Saturno Enceladus, conhecida pelos seus géiseres de vapor de água e moléculas orgânicas que irrompem do seu oceano subsuperficial. A ELF analisará as plumas de Enceladus em busca de bioassinaturas indicativas de potencial vida microbiana.

3. **Iniciativa de Exploração de Mundos Oceânicos**: A Iniciativa de Exploração de Mundos Oceânicos da NASA procura explorar luas geladas e mundos oceânicos no nosso sistema solar, incluindo Titã, Ganimedes e Tritão. Estas missões têm como objetivo caraterizar os seus oceanos subsuperficiais, estudar a sua potencial habitabilidade e procurar sinais de vida sob as suas crostas geladas.

Inovações tecnológicas: Avançar na Exploração Espacial

1. **Telescópios espaciais da próxima geração**: O Telescópio Espacial James Webb (JWST), cujo lançamento está previsto pela NASA, ESA e CSA, irá revolucionar a astronomia observacional ao estudar o universo em comprimentos de onda infravermelhos. O JWST investigará a formação de estrelas, galáxias e sistemas planetários, e explorará o potencial de exoplanetas habitáveis.

2. **Sistemas avançados de propulsão**: As futuras missões espaciais beneficiarão dos avanços nas tecnologias de propulsão, incluindo a propulsão iónica, as velas solares e a propulsão térmica nuclear. Estes sistemas prometem maior eficiência, tempos de viagem reduzidos e capacidades alargadas para explorar destinos distantes no nosso sistema solar e mais além.

3. **Utilização de recursos in-situ (ISRU)**: As tecnologias ISRU permitem a extração e utilização de recursos disponíveis nos corpos celestes, tais como gelo de água, minerais e gases atmosféricos. Estas tecnologias apoiam a exploração sustentável, reduzem os custos das missões e fornecem recursos essenciais para apoiar a presença humana na Lua, em Marte e mais além.

Procura de vida extraterrestre: SETI e mais além

1. **Pesquisa de Inteligência Extraterrestre (SETI)**: O Instituto SETI e outras organizações efectuam pesquisas específicas de civilizações extraterrestres inteligentes, escutando sinais de rádio ou transmissões ópticas de sistemas estelares distantes. Estes esforços têm como objetivo detetar provas de civilizações tecnológicas e expandir a nossa compreensão da biodiversidade cósmica.

2. **Astrobiologia e deteção de bioassinaturas**: Os avanços na astrobiologia e nas técnicas de deteção de bioassinaturas visam identificar sinais de vida microbiana ou potenciais biosferas em Marte, Europa, Enceladus e sistemas exoplanetários. Estas missões empregarão landers robóticos, rovers e telescópios espaciais para analisar atmosferas planetárias e ambientes superficiais em busca de assinaturas químicas indicativas de atividade biológica.

3. **Sondas interestelares e conceitos de missão**: Conceitos visionários para a exploração interestelar, tais como o Breakthrough Starshot e o programa NIAC (Innovative Advanced Concepts) da NASA, propõem o envio de sondas nanocraft ou robóticas para sistemas estelares vizinhos durante a vida humana. Estas missões têm como objetivo estudar sistemas exoplanetários, procurar mundos habitáveis e fazer avançar a nossa compreensão das viagens interestelares.

O futuro da humanidade no espaço: Colonização e mais além

1. **Colonização do espaço**: As visões a longo prazo para a colonização humana de Marte, da Lua e de outros corpos celestes prevêem habitats sustentáveis, engenharia da biosfera e esforços de terraformação para apoiar povoações humanas permanentes. Estes esforços exigirão avanços nos sistemas de apoio à vida, na construção de habitats e na adaptação a ambientes extraterrestres.

2. **Turismo espacial e voos espaciais comerciais**: A florescente indústria espacial comercial, liderada por empresas como a SpaceX, a Blue Origin e a Virgin Galactic, tem como objetivo expandir o acesso ao espaço para o turismo, a investigação e a instalação de satélites. As parcerias comerciais com agências governamentais facilitam os esforços de

colaboração no avanço da exploração espacial e do desenvolvimento económico na órbita baixa da Terra.

3. **Desafios éticos e de governação**: À medida que a humanidade se aventura mais profundamente no espaço, as considerações éticas abrangem a proteção planetária, a utilização de recursos e a governação de ambientes extraterrestres. A cooperação internacional, os quadros jurídicos e as directrizes éticas garantem uma exploração responsável e preservam a integridade científica dos corpos celestes.

Conclusão

Este capítulo explorou o futuro da exploração cósmica, desde as missões tripuladas a Marte e a exploração de mundos oceânicos até às inovações tecnológicas, à procura de vida extraterrestre e às perspectivas a longo prazo da humanidade no espaço. À medida que embarcamos na próxima era da exploração espacial, missões visionárias, descobertas científicas e considerações éticas moldarão a nossa viagem colectiva para compreender o universo e o nosso lugar nele.

Através da colaboração internacional, dos avanços tecnológicos e da procura de descobertas científicas, a humanidade continua a alargar as fronteiras do conhecimento, a inspirar as gerações futuras e a abraçar os desafios e oportunidades da exploração do cosmos. Ao olharmos para as estrelas, embarcamos numa viagem de exploração, descoberta e maravilha que promete iluminar os mistérios do universo e expandir os horizontes do esforço humano na tapeçaria cósmica do espaço e do tempo.

Capítulo 9: O Futuro da Humanidade e a Evolução Cósmica

Introdução

Ao olharmos para o futuro, a trajetória da humanidade entrelaça-se com a evolução contínua do cosmos. Este capítulo explora o potencial da humanidade para influenciar a evolução cósmica, imaginando cenários para a colonização do espaço, a terraformação e a sobrevivência a longo prazo da nossa espécie. Desde considerações éticas a avanços tecnológicos e conceitos visionários, examinamos como a humanidade pode moldar o seu destino no meio da vastidão do universo.

Colonizar a Lua e Marte: Passos para as estrelas

1. **Colonização Lunar**: O programa Artemis da NASA tem como objetivo estabelecer uma presença humana sustentável na Lua, aproveitando os recursos lunares e testando tecnologias essenciais para futuras missões a Marte. Os habitats lunares, como o proposto posto avançado Gateway, servem de trampolim para a exploração do espaço profundo e para a investigação científica em ambientes lunares.

2. **Colonização de Marte**: A visão da SpaceX para a colonização de Marte prevê naves espaciais reutilizáveis, habitats e sistemas de suporte de vida capazes de sustentar assentamentos humanos permanentes no Planeta Vermelho. Os desafios incluem a proteção contra a radiação, a utilização de recursos e a adaptação ao ambiente hostil de Marte, assegurando simultaneamente a sustentabilidade e a autossuficiência a longo prazo.

3. **Conceitos de Terraformação**: As visões a longo prazo para a terraformação de Marte propõem a transformação da sua atmosfera, condições da superfície e clima para se assemelhar à Terra, permitindo a agricultura, habitats exteriores e um ambiente mais hospitaleiro para a colonização humana. As considerações éticas incluem a gestão ambiental, a proteção planetária e a preservação da biosfera marciana.

Viagens interestelares e sistemas avançados de propulsão

1. **Breakthrough Starshot**: A Breakthrough Starshot propõe o envio de nano-naves para sistemas estelares vizinhos utilizando lasers potentes para atingir velocidades até 20% da velocidade da luz. Este conceito

visionário tem como objetivo explorar sistemas exoplanetários, procurar mundos habitáveis e fazer avançar a nossa compreensão das viagens interestelares no espaço de uma vida humana.

2. **Conceitos avançados inovadores da NASA (NIAC)**: O NIAC financia conceitos de propulsão inovadores, como a propulsão térmica nuclear e os motores de antimatéria, capazes de reduzir os tempos de viagem e de expandir o alcance da humanidade até ao sistema solar exterior e mais além. Estas tecnologias prometem maior eficiência, custos de missão reduzidos e capacidades melhoradas para explorar destinos distantes.

3. **Naves de Geração e Cilindros O'Neill**: As naves de geração e os cilindros de O'Neill propõem habitats auto-sustentáveis capazes de suportar grandes populações em viagens interestelares. Estas mega-estruturas simulam ambientes semelhantes aos da Terra, aproveitam os recursos renováveis e permitem a habitação humana a longo prazo, ao mesmo tempo que enfrentam os desafios dos sistemas ecológicos fechados e da dinâmica social.

Tecnologias emergentes e inteligência artificial

1. **Avanços na robótica**: Os exploradores robóticos, como o rover Perseverance da NASA e futuras missões como a Europa Clipper e a Enceladus Life Finder, empregam a autonomia baseada em IA, a recolha de amostras e a capacidade de evitar perigos para efetuar investigações científicas em ambientes remotos e perigosos. Estas tecnologias melhoram a nossa capacidade de explorar as superfícies planetárias e os oceanos subsuperficiais.

2. **IA na exploração espacial**: A inteligência artificial apoia o planeamento de missões, a análise de dados e os processos de tomada de decisões para naves espaciais autónomas, rovers e telescópios espaciais. Os algoritmos de aprendizagem automática optimizam a gestão de recursos, detectam anomalias e melhoram as descobertas científicas, facilitando a exploração humana e as missões robóticas em todo o sistema solar e mais além.

3. **Biotecnologia e medicina espacial**: Os avanços na biotecnologia, engenharia genética e medicina regenerativa abordam os desafios dos voos espaciais de longa duração, da colonização planetária e da adaptação humana a ambientes de microgravidade. A investigação em medicina

espacial centra-se na atenuação dos riscos para a saúde, na melhoria do desempenho dos astronautas e no desenvolvimento de sistemas sustentáveis de apoio à vida para missões prolongadas.

Considerações éticas e governação planetária

1. **Proteção planetária e ética ambiental**: Os quadros éticos para a exploração espacial dão prioridade à proteção planetária, à gestão ambiental e à preservação da integridade científica dos corpos celestes. Os acordos internacionais, as directrizes e as melhores práticas garantem uma exploração responsável, atenuam os riscos de contaminação e promovem práticas sustentáveis nas actividades espaciais.

2. **Direito e governação do espaço**: O Gabinete das Nações Unidas para os Assuntos do Espaço Exterior (UNOOSA) e os tratados internacionais, como o Tratado do Espaço Exterior e o Acordo da Lua, estabelecem quadros legais para a exploração do espaço, a utilização de recursos e a cooperação pacífica entre nações. Os desafios futuros incluem a regulamentação das actividades espaciais comerciais, o tratamento dos detritos orbitais e a gestão das colónias lunares e marcianas.

3. **Ética interestelar e intercâmbio cultural**: A exploração interestelar levanta considerações éticas relativamente ao intercâmbio cultural, à comunicação com civilizações extraterrestres e às implicações da descoberta de vida inteligente para além da Terra. Os diálogos sobre ética universal, diplomacia intercultural e quadros de cooperação orientam o envolvimento responsável da humanidade com potenciais encontros extraterrestres.

Habitats espaciais sustentáveis e utilização de recursos

1. **Utilização de recursos in-situ (ISRU)**: As tecnologias ISRU extraem e utilizam recursos disponíveis em corpos celestes, como gelo de água, minerais e gases atmosféricos, para apoiar actividades de exploração, fabrico e construção humanas. Estas tecnologias reduzem os custos das missões, aumentam a autonomia das missões e permitem a utilização sustentável dos recursos em ambientes espaciais.

2. **Agricultura espacial e sistemas ecológicos fechados**: Os habitats sustentáveis em Marte e noutros corpos celestes integram a agricultura espacial, a hidroponia e a aquaponia para produzir alimentos, oxigénio e recursos renováveis para consumo humano. Os sistemas ecológicos fechados reciclam os resíduos, gerem os recursos hídricos e promovem a autossuficiência nas colónias espaciais, respondendo aos desafios da habitação a longo prazo e da sustentabilidade planetária.

3. **Indústria fora do mundo e desenvolvimento económico**: A comercialização do espaço, facilitada por empresas espaciais privadas e parcerias internacionais, impulsiona o crescimento económico, a inovação tecnológica e a criação de emprego nas indústrias espaciais. Os investimentos em mineração de asteróides, turismo espacial e constelações de satélites expandem a presença da humanidade no espaço e estimulam a colaboração global no avanço das capacidades de exploração espacial.

Conclusão: Rumo a um futuro cósmico

Este capítulo explorou o futuro da humanidade na evolução cósmica, perspectivando cenários para a colonização do espaço, viagens interestelares, avanços tecnológicos e considerações éticas que moldam o nosso destino no cosmos. Desde colónias lunares e marcianas a conceitos visionários para missões interestelares e habitats espaciais sustentáveis, as nossas aspirações colectivas impulsionam-nos para um futuro em que a pegada da humanidade se estende pelas estrelas.

Ao navegarmos pelos desafios e oportunidades da exploração cósmica, vamos abraçar o espírito de exploração, inovação e cooperação que define a nossa viagem cósmica. Através da colaboração interdisciplinar, da gestão ética e da liderança visionária, traçamos um rumo para um futuro onde a humanidade prospera em harmonia com o universo, iluminando os caminhos para uma civilização cósmica onde as estrelas estão ao nosso alcance.

Conclusão: A tapeçaria cósmica

Ao concluirmos a nossa viagem através de "Perspectivas Cósmicas: Uma Viagem no Espaço e no Tempo", encontramo-nos no precipício do universo, olhando para a vastidão dos mistérios e revelações cósmicos. Desde a aurora do cosmos, no nascimento explosivo do Big Bang, até à intrincada dança das galáxias e à possibilidade de abrigar vida em mundos distantes, a nossa exploração revelou uma tapeçaria tecida com elegância e complexidade.

Reflexões sobre a grandeza do universo

O universo, que se estende por milhares de milhões de anos-luz, apresenta uma tela adornada com galáxias, nebulosas e sistemas estelares, cada um contando uma história de evolução cósmica e beleza celestial. A nossa compreensão, forjada ao longo de séculos de investigação científica e inovação tecnológica, continua a desvendar os segredos dos fenómenos cósmicos - desde a formação de estrelas e planetas até às forças enigmáticas da matéria negra e da energia negra que moldam a teia cósmica.

A busca do conhecimento e da descoberta pela humanidade

A viagem da humanidade ao cosmos reflecte a nossa curiosidade inata e a busca incessante de conhecimento. Desde as antigas civilizações que contemplavam o céu noturno maravilhadas até às modernas missões espaciais que sondam os confins do nosso sistema solar e mais além, a nossa procura de compreensão transcendeu as fronteiras terrestres, impulsionando-nos em direção às estrelas e desvendando os mistérios do universo.

A procura de vida para além da Terra

A procura de vida extraterrestre tem cativado a nossa imaginação e os nossos esforços científicos. Explorar a potencial habitabilidade de exoplanetas, luas geladas com oceanos subterrâneos e as condições necessárias para o aparecimento de vida oferece perspectivas tentadoras para a descoberta de biosferas para além da Terra. Cada descoberta, desde os fósseis microbianos em Marte até à deteção de moléculas orgânicas em mundos distantes, alimenta as nossas aspirações de encontrar vida noutros locais do cosmos.

Contemplações filosóficas e considerações éticas

Em termos filosóficos, a nossa exploração do cosmos suscita reflexões profundas sobre o nosso lugar no universo, a natureza da existência e as responsabilidades éticas dos exploradores cósmicos. Contemplar a vastidão do espaço e o potencial de civilizações inteligentes desafia-nos a reavaliar as nossas perspectivas sobre a vida, a consciência e a nossa gestão dos ambientes planetários.

Inovações tecnológicas e horizontes futuros

Os avanços na tecnologia espacial, desde os telescópios e sistemas de propulsão da próxima geração até aos exploradores robóticos e potenciais missões a sistemas estelares vizinhos, prometem revolucionar a nossa compreensão do universo e expandir a presença humana no espaço. Conceitos visionários para viagens interestelares, empreendimentos espaciais comerciais e habitats sustentáveis em Marte e na Lua anunciam um futuro em que as aspirações cósmicas da humanidade se tornam realidade.

Um apelo à exploração, à descoberta e à união

Para terminar, "A Tapeçaria Cósmica" convida-nos a embarcar numa viagem contínua de exploração, descoberta e união. Através da colaboração internacional, da investigação científica e da busca do conhecimento, esforçamo-nos por desvendar os mistérios do cosmos, inspirar as gerações futuras e abraçar os desafios e as oportunidades que nos esperam entre as estrelas.

Ao contemplarmos a beleza e a complexidade do universo, lembremo-nos de que a nossa viagem cósmica não é apenas uma busca de compreensão científica, mas também um testemunho do espírito e do engenho humanos. Juntos, vamos tecer novos fios na tapeçaria cósmica, explorando as maravilhas do espaço e do tempo e iluminando os caminhos para um futuro onde a nossa viagem cósmica continua a desenrolar-se.

Referências

- Allen, D.A., Wickramasinghe, D.T.: Nature **294**, 239 (1981)

- Bell, E.A., Boehnke, P., Harrison, T.M., Mao, W.L.: Proc. Natl. Acad. Sci. **112**, 14518 (2015)

- Berné, O., Montillaud, J., Joblin, C.: Astron. Astrophys. **577**, A133 (2015)
- Maggiolo, R., Marty, B., Mousis, O., Owen, T., Rème, H., Rubin, M., Sémon, T., Tzou, C.-Y., Waite, J.H., Walsh, C., Wurz, P.: Nature **526**, 678 (2015)

- Biver, N., Bockelée-Morvan, D., Moreno, R., Crovisier, J., Colom, P., Lis, D.C., Sandqvist, A., Boissier, J., Despois, D., Milam, S.N.: Sci. Adv. **1**, 1500863 (2015)

- Boardman, N.K., Thorne, S.W., Anderson, J.M.: Proc. Natl. Acad. Sci. **56**, 586 (1966)

- Brocks, J.J.: Science **285**, 1033 (1999)

- Burchell, M.J.: Int. J. Astrobiol. **3**, 73 (2004)

- Burchell, M.J., Mann, J.R., Bunch, A.W.: Mon. Not. R. Astron. Soc. **352**, 1273 (2004)

- Calzetti, D., Armus, L., Bohlin, R.C., Kinney, A.L., Koornneef, J., Storchi-Bergmann, T.: Astrophys. J. **533**, 682 (2000)

- Campbell, E.K., Holz, M., Gerlich, D., Maier, J.P.: Nature **523**, 322 (2015)

- Chiar, J.E., Tielens, A.G.G.M., Adamson, A.J., Ricca, A.: Astrophys. J. **770**, 78 (2013)

- Crick, F.H.C., Orgel, L.E.: Icarus **19**, 341 (1973)

- Crovisier, J., Leech, K., Bockelee-Morvan, D., Brooke, T.Y., Hanner, M.S., Altieri, B., Keller, H.U., Lellouch, E.: Science **275**, 1904 (1997)

- Cruikshank, D.P., Hartmann, W.K., Tholen, J.T.: Nature **315**, 122 (1985)

- De Looze, I., Baes, M., Bendo, G.J., Fritz, J., Boquien, M., Cormier, D., Gentile, G., Kennicutt, R.C., Madden, S.C., Smith, M.W.L., Young, L.: Mon. Não. R. Astron. Soc. **459**, 3900 (2016)

- Deamer, D.: First Life. Imprensa da Universidade da Califórnia, Oakland (2012)

- Dell'Agli, F., García-Hernández, D.A., Schneider, R., Ventura, P., La Franca, F., Valiante, R., Marini, E., Di Criscienzo, M.: Mon. Not. R. Astron. Soc. **467**, 4431 (2017)

- Draine, B.T.: Annu. Rev. Astron. Astrophys. **41**, 241 (2003)

- Draine, B.T.: In: Henning, T., Grün, E., Steinacker, J. (eds.) Cosmic Dust-Near and Far. Astromomical Society of the Pacific Conference Series, vol. 414, p. 453 (2009)

- Ehrenfreund, P., Charnley, S.B.: Annu. Rev. Astron. Astrophys. **38**, 427 (2000)

- Elsila, J.E., Glavin, D.P., Dworkin, J.P.: Meteorit. Planet. Sci. **44**, 1323 (2009)

- Esmaili, S., Bass, A.D., Cloutier, P., Sanche, L., Huels, M.A.: J. Chem. Phys. **147**, 224704 (2017)

- Fitzpatrick, E.L.: Astron. J. **92**, 1068 (1986)

- Furton, D.G., Witt, A.N.: Astrophys. J. **386**, 587 (1992)

- Gordon, K.D., Witt, A.N., Friedmann, B.C.: Astrophys. J. **498**, 522 (1998)

- Gordon, K.D., Clayton, G.C., Misselt, K.A., Landolt, A.U., Wolff, M.J.: Astrophys. J. **594**, 279 (2003)

- Grebennikova, T.V., Syroeshkin, A.V., Shubralova, E.V., Eliseeva, O.V., Kostina, L.V., Kulikova, N.Y., Latyshev, O.E., Morozova, M.A., Yuzhakov, A.G., Zlatskiy, I.A., Chichaeva, M.A., Tsygankov, O.S.: Sci. World J. **2018**, 7360147 (2018)

- Harris, M.J., Wickramasinghe, N.C., Lloyd, D., Narlikar, J.V., Rajaratnam, P., Turner, M.P., Al-Mufti, S., Wallis, M.K., Ramadurai, S., Hoyle, F.: Proc. SPIE **4495**, 192 (2002)

- Herbig, G.H.: Annu. Rev. Astron. Astrophys. **33**, 19 (1995)

- Horneck, G.: Origens da vida e evolução da. Biosfera **23**, 37 (1993)

- Horneck, G., Bücker, H., Reitz, G.: Adv. Space Res. **14**, 41 (1994)

- Horneck, G., Eschweiler, U., Reitz, G., Wehner, J., Willimek, R., Strauch, K.: Adv. Space Res. **16**, 105 (1995)

- Horneck, G., Stöffler, D., Eschweiler, U., Hornemann, U.: Icarus **149**, 285 (2001)

- Hoyle, F., Wickramasinghe, N.C.: Mon. Not. R. Astron. Soc. **124**, 417 (1962)

- Hoyle, F., Wickramasinghe, N.C.: Nature **223**, 450 (1969)

- Hoyle, F., Wickramasinghe, N.C.: Nature **226**, 62 (1970)

Printed by Books on Demand GmbH, Norderstedt / Germany